写给小学生的科学知识系列

数学这么简单
图形里的秘密

刘 刚◎编著

吉林科学技术出版社

图书在版编目（CIP）数据

数学这么简单 / 刘刚编著 . -- 长春 : 吉林科学技术出版社 , 2024.2

（写给小学生的科学知识系列 / 吴鹏主编）

ISBN 978-7-5578-9837-3

Ⅰ . ①数… Ⅱ . ①刘… Ⅲ . ①数学—少儿读物 Ⅳ . ① O1-49

中国版本图书馆 CIP 数据核字 (2022) 第 182086 号

写给小学生的科学知识系列

数学这么简单

SHUXUE ZHEME JIANDAN

编　著	刘　刚	
出 版 人	宛　霞	
责任编辑	李万良	
助理编辑	宿迪超　周　禹　郭劲松　徐海韬	
封面设计	长春美印图文设计有限公司	
美术编辑	黄雪军	
制　版	上品励合 (北京) 文化传播有限公司	
幅面尺寸	170 mm × 240 mm	
开　本	16	
字　数	150 千字	
印　张	12	
页　数	192	
印　数	1–6000 册	
版　次	2024 年 2 月第 1 版	
印　次	2024 年 2 月第 1 次印刷	

出　版　吉林科学技术出版社

发　行　吉林科学技术出版社

社　址　长春市福祉大路 5788 号出版大厦 A 座

邮　编　130118

发行部电话 / 传真　0431-81629529　81629530　81629531
　　　　　　　　　　 81629532　81629533　81629534

储运部电话　0431-86059116

编辑部电话　0431-81629378

印　刷　长春百花彩印有限公司

书　号　ISBN 978-7-5578-9837-3

定　价　90.00 元（全 3 册）

目录

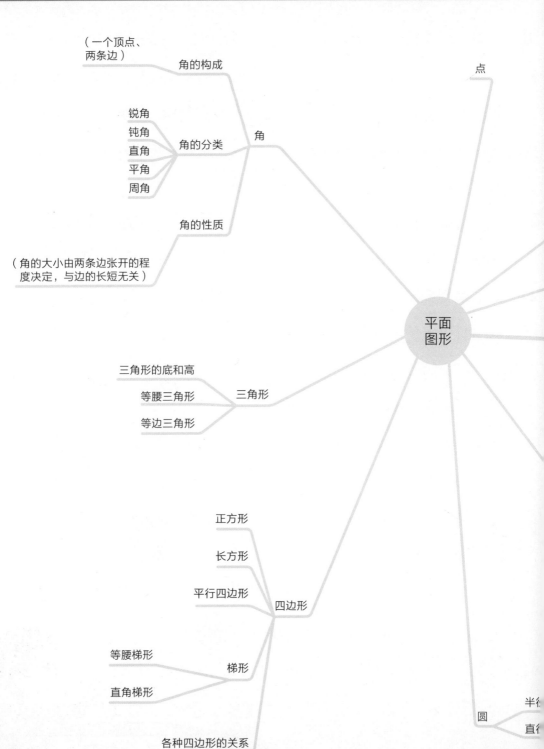

（一个顶点、两条边）——角的构成

点

锐角
钝角
直角——角的分类——角
平角
周角

角的性质

（角的大小由两条边张开的程度决定，与边的长短无关）

平面图形

三角形的底和高
等腰三角形——三角形
等边三角形

正方形
长方形
平行四边形——四边形

等腰梯形——梯形
直角梯形

各种四边形的关系

半径
圆
直径

直线

线　　射线

线段

两条直线的
位置关系　　相交

平行

图形的
认识

球

圆柱

立体
图形　　长方体

正方体

锥体

不规则图形

图形世界多有趣

数学不一定要和数字捆绑，有时把数学问题看成一个图形问题会更容易解答。我们的大脑天生就对公式和图形比较敏感。

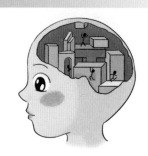

你可能不敢相信，一些简单的线条或轮廓图形就能表达一些生活常见的物品。试一试你的"火眼金睛"，能不能看出下面四张图分别画的是什么？

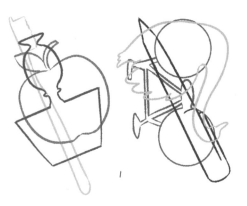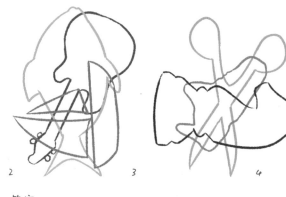

1   2   3   4

答案

1. 牙刷、苹果、台灯；

2. 自行车、钢笔、天鹅；

3. 贝斯、鱼、帆船；

4. 国际象棋棋子、剪刀、鞋子。

其实，即便我们讲不出某个图形的名字，哪怕有些图形我们只是瞥见过一眼，我们依然可以识别并找出它们。左图中，你能在右边的五个图形中找到与左边图形相同的部分吗？

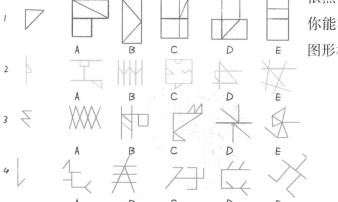

答案

	1	2	3	4
	D	C	C	C

当然，有些图形我们无法一眼看出，它需要我们的大脑发挥丰富的想象力来解读。首先，我们可以让大脑大胆想象一下图形正在移动。如果把下面三张图组合叠加在一起，最大的放在最下面，以此类推，它会变成什么样呢？

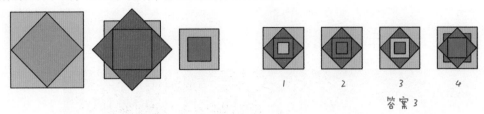

答案3

博士又拿来一个可折叠的图形，助手图图叠了叠，竟然变成了一个方方正正的盒子。这次，大脑需要想象这些图片正在旋转。你觉得这个盒子会是什么样子的呢？

答案

画图做题本身就是解决数学问题的重要方法之一。同学聚会上，五个人正在为如何公平吃掉整个蛋糕而为难。其中的一个小朋友很聪明，只是在纸上粗略画了个圆，把圆平均分成五个扇形，就轻松地解决了平均分的问题。

美术课上的精灵——点和线

这是一幅画：大好风光下，一群形形色色的男人和女人过着惬意的生活。仔细看，那些漂亮的遮阳伞、可爱的小狗等都是由众多小点构成的。

数学中提到的点的概念，是构成所有图形最基本的元素。

一切几何图形都是一堆点的集合，我就是这个点。

点，模仿模特在T台上练习猫步。走着走着，台上出现了一条直线。

点又朝着不同方向走，身后留下了很多条直线。

虽然直线不可以乱跑，但直线两端可以无限延伸，根本没有尽头。也就是说，直线是没有长度的。

从直线上截取下来一段，两个端点封住了直线向两个方向延伸的路，变身成"线段"，两个端点的距离就是线段的长度。

倘若其中一个小圆点因贪玩偷溜出去，只留下另一个小圆点坚守岗位，成为端点，它便是"射线"。它只有一个端点，另一端可以无限延伸，也没有长度。

无数条直线密密麻麻地铺开，组成了一个平面。其实，平面是一个无限大的范围，我们所学的平面图形只是被视为平面中的一部分。

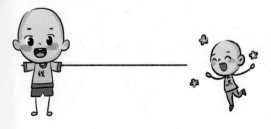

大鳄鱼的嘴竟是个角

大家都去过动物园，你观察过鳄鱼张嘴巴的瞬间吗？鳄鱼张开的嘴，像不像一个"角"？

动静结合的角

导游叔叔手里的这面小旗帜，从一个公共端点出发，伸出两条射线，就围成了一个新的图形，叫作"角"。这个点叫作顶点，两条射线就是角的两条边。

小朋友正在用剪刀做手工，剪刀打开，一条射线绕端点转动形成的图形就是角。射线端点就是角的顶点，射线出发的位置叫始边，停止的位置叫终边。

我是一个文静不爱动的角，各部分名称要记牢。

我是一个活泼好动的角，各部分名称有改动。

博士的助手图图正好奇地拿着一个放大镜观察桌子上的角，这个角会不会变大呢？

角的大小与两条边的长度变化没有关系，只与两条边的夹角有关。

角在我们的日常生活中无处不在，认识它都有哪些用处呢？

上计算机课时，视线与电脑屏幕会形成一个角，便于我们阅读屏幕上的知识。

行走时，两腿之间也形成了一个角，使我们走路更加稳定。

躺椅的靠背和坐垫也会形成一个角，可以让我们坐得更舒服。

给角取名字

角多得数不胜数，如果没有自己的专属名字，岂不是乱套了。我们应该给角取什么样的名字呢？通常来说，角的顶点都会用字母表示，顶点上的字母就是这个角的名称。

我是角A，记作∠A。"∠"是角的符号，其实就是一个缩小版的角，和小于号"<"有点儿像。

如果给这个角添上一条射线，一个角变成了三个。人们在每条射线上各加一个辅助点，分别是N、A、C，于是角的名称可以用三个字母表示，但顶点B要放在字母中间。

三个字母的名字过于麻烦，你也可以用简单的阿拉伯数字，或者希腊字母命名。

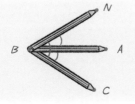

∠NBC就是∠CBN。

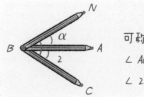

∠NBA还可称作∠α；∠ABC可称作∠2。

感知角的度数

角的大小用角度表示。将一条射线围绕顶点转动，在射线还未竖直前停止，便可形成一个小于 90° 的锐角。

继续转动下去，直到射线高高竖起，垂直出发位置时，它便成为一个等于 90° 的直角。

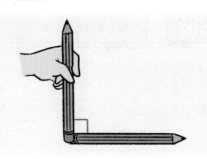

还在继续转动，射线又开始倾斜，在未水平之前停止，直角变成了大于 90° 且小于 180° 的钝角。

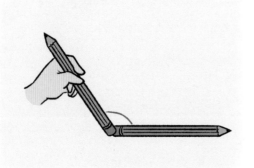

钝角似乎累了，射线逐渐与起始位置水平，直接变成了 180° 的平角。

我是角，不是直线，中间有一个顶点。

休息够了，射线继续转动，整整转了一圈，与原来的位置重合，变成了 360° 的周角。

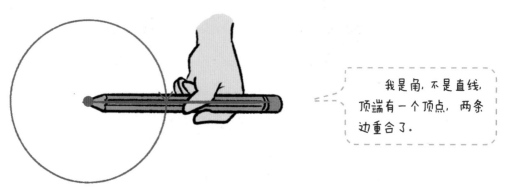

我是角，不是直线，顶端有一个顶点，两条边重合了。

钟表上有趣的角

测量高度用尺子，称重需要用秤，量角度也需要一个工具——量角器。量角器有一个中心，也有零刻度线，还有内外两圈刻度，1 小格等于 1°。

把量角器放在角的上面，使量角器的中心和角的顶点 B 重合，零刻度线和角的一边 BC 重合。与边 AB 重合的刻度是 60°，所以 $\angle ABC = 60°$。

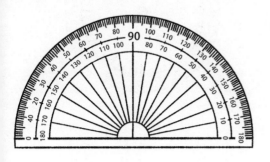

我是量角的工具，你会用我测量角的度数吗？

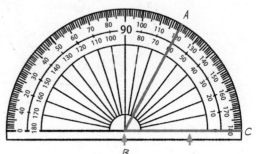

左右两边都有零刻度线，小心别看反了角的度数。

钟表里的度数

用量角器测量角的度数，测量结果往往会出现误差，计算出来的结果反而更准确。接下来，我们一起动笔算一下：钟表上时针与分针的夹角是多少度吧！

钟表上有时针和分针，还有 12 个大的数字格，每个大格中还有 5 个小格，一共有 60 个小格。

分针一小时转一圈，也就是 360°。每小时有 60 分钟，分针每分钟移动的角度是 $360° \div 60 = 6°$。

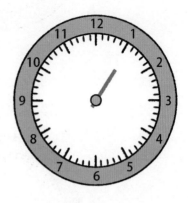

时针每小时只转一个数字格，$360° \div 12 = 30°$，相当于移动 30°。一小时为 60 分钟，时针一分钟移动的角度是 $30° \div 60 = 0.5°$。

寻找 90° 角

一天当中，时针和分针的夹角为 90° 的整点时刻，不用计算，只要用眼睛找。时针与分针呈垂直状即可。

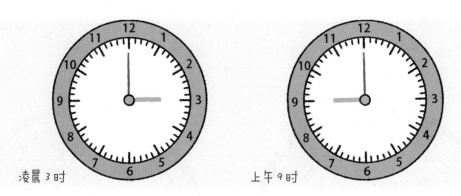

凌晨3时　　　　　　　　　上午9时

或许你会觉得只有 3 点和 9 点两个时刻，但是还得考虑上午和下午的区别，所以一天当中应该有四个整点时刻时针和分针会出现 90° 角。

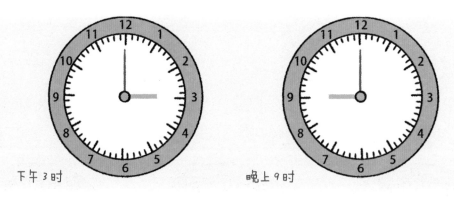

下午3时　　　　　　　　　晚上9时

时针和分针的夹角等于 90° ，还有别的情况。在 5 时和 5 时 30 分之间，时针与分针的夹角什么时候会等于 90° ？

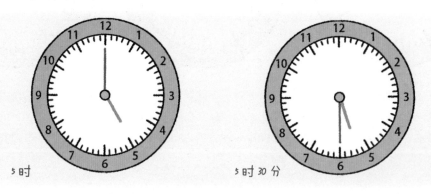

5时　　　　　　　　　　5时30分

5 时是一个钝角，走向 5 时 30 分时，夹角越来越小，势必会路过 90°。

5 时 30 分是一个锐角，走向 6 时这一过程中，夹角越来越大，也会路过 90°。

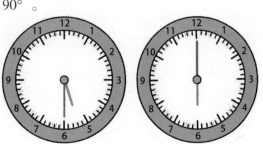

【分析】5 时整时，时针与分针跨越了 5 个大格，每个大格是 30°，所以时针与分针的夹角为 150°。只需要让分针和时针的夹角缩小 60°，二者的夹角就可以达到 90°。

前面已经讲过，分针每分钟走 6°，时针每分钟走 0.5°，所以分针每分钟比时针多走 5.5°，也就是说，每过一分钟，分针和时针的夹角就缩小 5.5°，我们只需要算出还有几分钟（也就是缩小几个 5.5°）夹角才能缩小 60°。

【计算】$60 \div 5.5 = 10\frac{10}{11}$

【结论】还需要 $10\frac{10}{11}$ 分钟，所以 5 点 10 分还得再多一些，时针与分针的夹角就是 90°。

寻找 360° 角

钟表里的两个相邻整点时刻里，时针和分针总会遇到并重合。我们一起来见识下 7 时和 8 时之间，时针和分针重合的时刻会是 7 时几分呢？

【分析】前面已经知道，分针比时针每分钟多移动 5.5°。7 时整，时针和分针的夹角是 210°，每过一分钟，分针与时针的夹角缩小 5.5°，等时针和分针的夹角缩小到 0°，两根针就重合了。和上一题的思路相同，只需要算出还有几分钟（也就是缩小几个 5.5°），210° 才会变为 0°。

【计算】$210 \div 5.5 = 38\frac{2}{11}$

【结论】还需要 $38\frac{2}{11}$ 分钟，所以时针与分针重合的时刻是 7 时 38 分还得再多一些。

7 时   8 时

用三角形盖房子

三条直线相互连接围成的图形就是三角形，三角形是所有多边形的基础。瞧！建筑工地上的其中一位宠儿便是三角形。房顶的构架是三角形的，长方形门框的斜拉条也能分隔出两个三角形……

不仅如此，我们的自行车车架也是三角形的，就连起重机上的吊臂、高压输电线的铁塔也有三角形结构。

相比其他形状，三角形最稳固，不容易扭曲和变形。

给三角形分门别类

这里有三个三角形，都被信封遮住了，你能猜出它们分别是什么三角形吗？

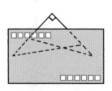
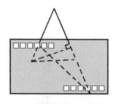
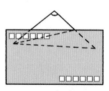

一定是直角三角形　　　可能是锐角三角形　　　一定是钝角三角形

按照三角形中角的大小不同，可以把三角形分为锐角三角形、直角三角形、钝角三角形。

直角三角形：1个直角，2个锐角。

钝角三角形：1个钝角，2个锐角。

锐角三角形：3个锐角。

三角形的分类可不止这一种。按照三角形中边的不同，可以分为等腰三角形、等边三角形、不等边三角形。

等边三角形三条边相等，也叫全等三角形。

等腰三角形：两条边相等。

不等边三角形：三条边都不相等。

三角形的内角和真的是180°吗？

不论是什么类型的三角形，三个角的内角和都是180°吗？有人正在用量角器分别测量三个内角的度数，再相加。

$75° + 45° + 60° = 180°$

班长也拿来一个三角形。他把三角形向里折，变成一个长方形。一眼就可以看出三角形的内角和正好是180°。

另一个小朋友一把抓起这个三角形，二话不说地撕下三角形的三个内角，又把它们如图所示紧贴在一起。现在，一眼就可以看出三个内角的和为180°。

博士看见了，把班长手里的三角形放在一张白纸上，经过A点画出与三角形底边BC平行的直线。

平行线 DE、BC 与线段AB 相交，产生的∠BAD=∠ABC，这两个角都用★表示。∠EAC=∠ACB，这两个角都用♥表示，∠BAC用○表示。由此得出 ★ + ♥ + ○ =180°

用小棒摆三角形暗藏玄机

两个小朋友正在用小棒摆三角形，可是有些小棒怎么也不能摆成三角形，这是怎么回事呢？

只有任意两边之和大于第三边时，这三条边才能搭成三角形。

三角形是测算工具

树又高又大，测量高度实在有些麻烦。别担心，不用爬树，你可以用直角三角形测算出一棵树的高度。其实，它利用的便是等腰直角三角形的特点。

在树旁边的地面上找到一点，使它指向树顶的方向与地面成 45° 角。这一点到树的距离就是树的高度。

我们还可以利用三角形测算船舶到岸边的距离。先找到船与岸边的垂线，再找到一个使船舶与岸边成45°角的点，这一点到垂线的距离就是船与岸边的距离。

随着阳光射入角度变得越来越陡，人的影子也会变得越来越短。只要知道角度（直角除外）和某一条边的长度，就可以测算出任意一个直角三角形的其他边长。

建筑师利用等腰直角三角形原理开凿出一条隧道。他们从两端开始，按照一定角度挖掘，最终两个挖掘小队在中间相遇了。

三角形不仅可以测算出地球上的物体尺寸，还可以计算出太阳和月球的大小以及它们与地球的距离。

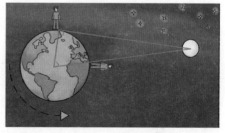

一个直角三角形，便可计算出月球与地球的距离，约是地球直径的30倍。

古希腊著名的数学家毕达哥拉斯有一个著名的直角三角形理论，在中国被称为"勾股定理"。直角三角形斜边的平方等于其他两条直角边的平方和。

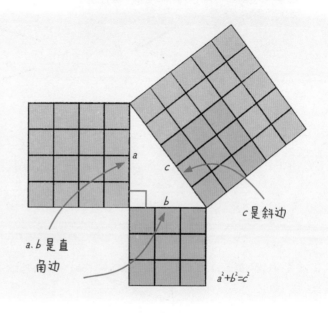

a、b是直角边

c是斜边

$a^2+b^2=c^2$

07 七巧板能拼出多少种四边形

火柴棒可以摆成各式各样的形状。博士用 16 根火柴棒摆成了五个正方形。他的助手图图只移动了 2 根火柴棒，正方形竟然少了一个。他是如何做到的？

正方形是一种特殊的平行四边形，四边形是由四条线段组成的图形。四边形这个大家族真是"人才济济"，我们一起去认识它们吧！

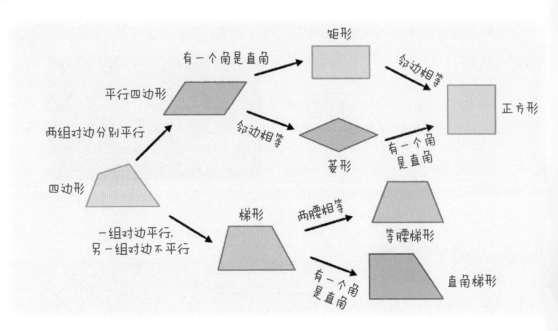

四边形还有一些不规则的形状。瞧！是谁在拼凑这些奇怪的形状？你认识这些图形吗？

凸四边形　　　　　　　　　　　　凹四边形

教你画平行四边形

任意一个四边形，找到每一条边的中点，再顺次连接这几个中点，连成的四边形就叫中点四边形。仔细观察，这个中点四边形就是平行四边形。

中点四边形简直太神奇啦！菱形的中点四边形是矩形，矩形的中点四边形是菱形，正方形的中点四边形还是正方形。

七巧板拼一拼

七巧板有大有小，颜色多样，你知道七巧板是由哪几种图形构成的吗？你能用这七块图形拼出多少种四边形呢？

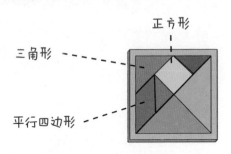

正方形
三角形
平行四边形

推算内角和

你可以利用三角形来推算四边形的内角和，只需在四边形里画一条线连接四边形的两点，四边形立马被分割成两个三角形。一个三角形的内角和等于180°，四边形的内角和就是两个三角形的内角和，也就是360°。

塑造图形，越来越多的边

由三条或三条以上的线段围成的封闭图形，叫作多边形。人们往往根据边的数量来命名图形。

我们是杯垫，有很多形状，你能说出我们的形状吗？

五边形

六边形

七边形

八边形

九边形

十边形

十二边形

近在咫尺的多边形

快来看，这些五颜六色的布料就是不同的多边形。组成多边形的线段叫边，边和边的连接点叫顶点。

连接多边形任意两个不相邻顶点的线段叫对角线。三角形没有对角线，四边形有2条，五边形有5条……

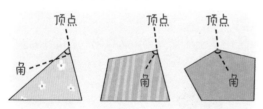

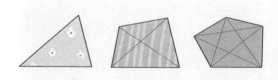

我是一个十边形，你猜我一共有几条对角线呢？

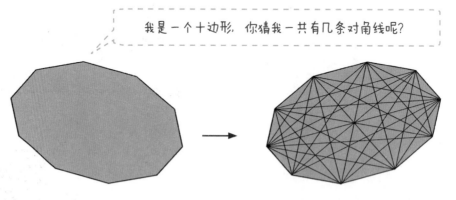

【分析】画出所有的对角线一定很累。假设多边形的边数为n，当n＞3时，对角线的数量为n×（n–3）÷2。

【计算】10×（10–3）÷2=35(条)

【结论】十边形的对角线为35条。

巧妙计算内角和

有一个巧妙的方法可以计算多边形的内角和，而且适用于任意的多边形。

以正五边形为例。先将正五边形的五条边向中心集中到一点，你会发现五个外角组成了完整的一圈，也就是 360°。那么每一个外角应该都是 360° 的五分之一，也就是 72°。看图，你会发现内角和外角组成了一个平角，也就是 180°，所以每个内角应该为 108°。

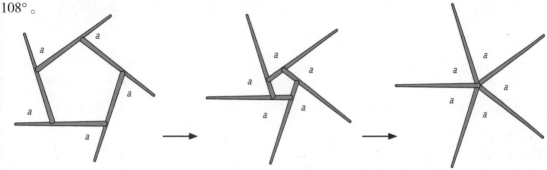

我们还可以这样算：把正五边形划分为 3 个三角形，一个三角形的内角和为 180°，所以五边形的内角和应该为 180°×3=540°，正五边形的每一个内角应该为 540÷5=108°。

脑洞时刻

下面这张图的内角和是多少呢？把图形划分为 9 个三角形，内角和应该为 180°×9=1620°。

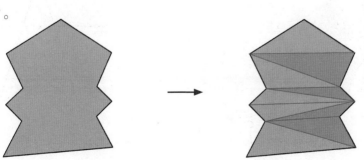

多边形的明珠——正五角星

正五角星是我们今天的主角，它的五个顶点正好是正五边形的五个顶点。正五角星在我们身边经常会出现，我们一起去找吧！

有一种水果棱角分明，有 5 条棱，切开是五角星形状，它的名字叫杨桃。

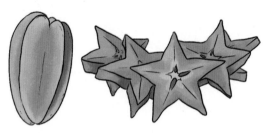

大海里也有正五角星，它的名字叫作海星。

推演内角

把正五角星分成五个相同的等腰三角形和一个正五边形，已知正五边形每个角都是 108°，那么等腰三角形那两个相等的角就是 72°。

第三个角是 180° –72° –72° =36°，所以正五角星的每个顶角都是 36°，得出正五角星五个顶角的度数之和是 180°。

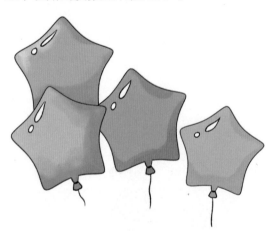

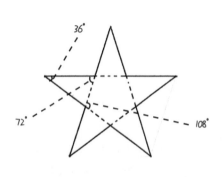

正五角星每个角的度数都是 36°。

正五角星画法

画正五角星还真不简单。想要画一个端端正正的五角星，还得用下面这个方法。

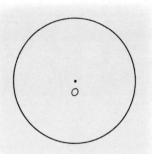

1. 以O为圆心，以适当长度为半径，画圆O。

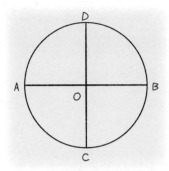

2. 画一条直径AB，再画一条与之垂直的直径CD。

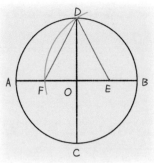

3. 找出OB的中点E，连接DE，以点E为圆心，以DE长为半径画圆弧，交AO于点F。

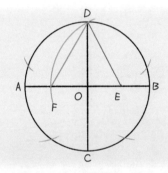

4. 连接DF，以D为圆心，以DF长为半径在圆O上截取相等的两个圆弧。再分别以圆弧和圆O的两个交点为圆心，DF长度为半径，在圆O的下半部分截取两个相等圆弧。

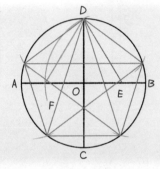

5. 依次交叉连接点D和圆O与圆弧的四个交点，即可得到一个正五角星。

动手做个五角星

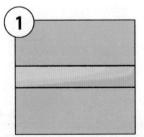

1.准备一条大约宽3厘米的纸条。

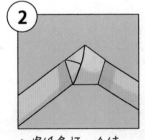

2.将纸条打一个结。

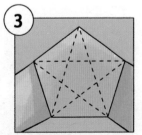

3.慢慢地拉紧，压实它，它会变成一个正五边形。

把正五边形的五个点两两相连，就能得到一颗正五角星。

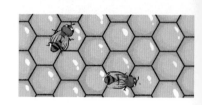

10　蜜蜂是数学天才——正六边形

如果你仔细观察过蜂巢，那么你就会发现，蜂巢是由一格一格的六边形组成的，而且排列得特别规整有序。

两种形式的密铺

为什么蜜蜂巢穴这么奇特呢？这和密铺有关。密铺，其实就是平面图形的镶嵌，也就是用形状、大小完全相同的几种或几十种平面图形进行拼接，彼此之间不留空隙、也不重叠地铺成一片。

有的人喜欢简洁美，会用单一多边形来铺地砖。正巧，大多数单一多边形都是可以密铺的。

有的人喜欢花式美，会用复合多边形来密铺家里的地面，而且多半要用多种多边形进行密铺。

单一六边形密铺.

三角形和正六边形组合也可密铺.

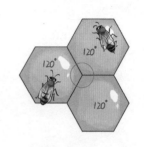

蜜蜂用正六边形作为"房间"的结构，刚好能够进行密铺。

换成五边形就无法密铺！正五边形的每一个内角是 108°，把三个正五边形拼在一起，在公共顶点上的三个角之和为 $108° \times 3 = 324°$。$324° < 360°$，这就意味着会有 36° 的缝隙存在。

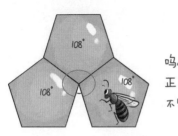

呜呜呜，三个正五边形不够啊！

如果将四个正五边形拼在一起，四个正五边形的公共顶点处四个角之和为 $108° \times 4 = 432°$，$432° > 360°$，所以四块地砖是放不下的。

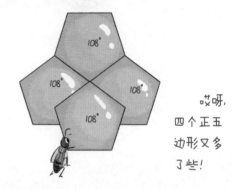

哎呀，四个正五边形又多了些！

换成正三角形也能密铺，但是六边形更容易并排堆放，不会影响整个结构的几何形状。而且，六边形紧密而整齐地排列在一起，没有缝隙，也没有重叠，空间浪费最小，利用率最高，能够住更多的蜜蜂。蜜蜂是不是很聪明呀？

三角形明明也能密铺，为什么非得做六边形蜂巢呢？

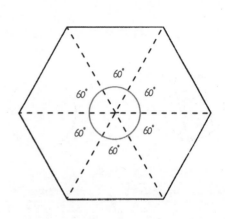

正六边形密铺后，空间利用率高，更适合一群蜜蜂居住。

圆形是个魔术师

日常生活中，硬币、曲奇饼干、钟面、轮胎，甚至吃饭用的盘子，都是圆形的。圆，看起来很简单，但真的动手画，实在有点难。如果借助一支圆规，就能轻松地画出一个圆。

什么是圆

圆，是平面上以 O 为中心的所有与 O 距离相等的点构成的图形。点 O 叫作圆心，连接圆心到圆上任意一点的线段叫作半径。穿过中心点，跨越整个圆两端的距离叫作直径。绕圆一周的距离称为周长。

 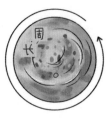 

找圆心是一件非常重要的事儿，你有什么好办法吗？用一本书就能找到圆的中心。

 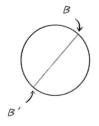 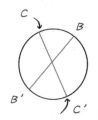 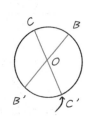

1. 将书的一角放在圆周的一点上，记作 A。这个角的两边与圆周相交于两个点，做上记号 B、B'。

2. 将书移开，连接这两个点，画条直线，这就是这个圆的一条直径。

3. 重复第一步和第二步，找到第二条直径，两端标记上 C、C'。

4. 两条直径相交的那个点就是圆心，标上记号 O。

关于 π

无论是哪个圆，周长除以直径都等于 3.1415926……，这个特殊的数字就是圆周率，记作 π，它是一个无限不循环小数。

圆中各种距离都跟 π 有关。

3.14159265358……

圆形在变身

将一个圆分成若干(偶数)等份,剪开后,用这些近似等腰三角形的图形拼接成一个"平行四边形"。圆的面积 = 平行四边形的面积 $\frac{c}{2} \cdot r = \pi r \cdot r = \pi r^2$

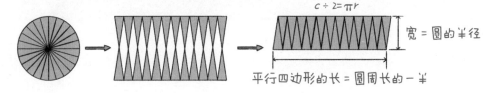

我们可以利用"割补法",把平行四边形转化为长方形。长方形的长就是圆周长的一半,宽相当于圆的半径。

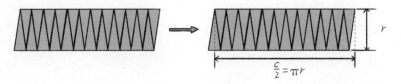

将一个圆分成若干等份（以 24 份为例），剪开后，用这些近似等腰三角形的图形拼接成等腰梯形。梯形的上底是圆周长的 $\frac{5}{24}$，下底是圆周长的 $\frac{7}{24}$，梯形的高相当于圆半径的 2 倍。

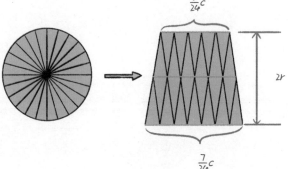

比萨如何三等分

三个人一起吃一整张比萨，需要三等分。那么，该怎么做呢?

1. 找到能把圆三等分的圆中央的基准点，也就是圆心 O。只要把圆对折两次就可以找到了。

2. 把圆规的两脚架在圆心 O 和圆周上任意一点 A 上，以 A 为圆心画一个和圆 O 大小相同的圆。

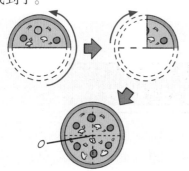

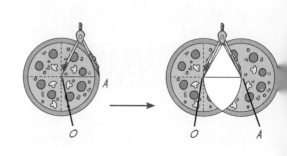

3. 将两个圆相交的点与点 A、点 O 连接，得到两个等边三角形。

4. 等边三角形的三个角都是 60°，相邻的两角之和就是 120°。

5. 反方向延长线段 OA 与圆相交，得到另外两个 120° 的扇形，圆被三等分。

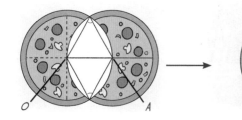

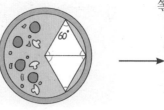

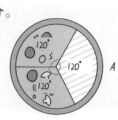

弧线的含义

什么是弧线呢？数学家认为：以圆上任意两点（如 A、B）为端点的一部分圆叫作弧，弧 AB 用 $\overset{\frown}{AB}$ 表示。

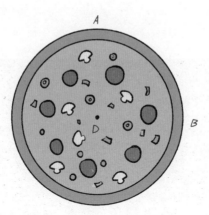

扇形的各部分名称

弧 AB 和两条半径组成的图形叫作扇形。扇形 AOB 中 $\angle AOB$ 叫作弧 AB 的中心角或扇形的中心角。

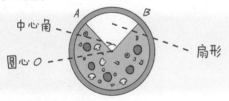

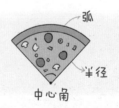

弧线的性质

在同一圆中，中心角大小相同的两个扇形的弧长和面积均相同。弧长和面积均相同的两个扇形的中心角大小相同。扇形的弧长和面积均与中心角的大小有关。

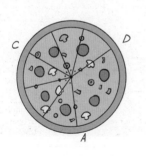

扇形的面积怎么算

扇形的面积与中心角的大小有关，中心角越大，扇形的面积越大。图中小扇形中心角的度数是大扇形的 $\frac{1}{3}$。小扇形的面积也是大扇形的 $\frac{1}{3}$。小扇形的面积 $=90 \div 3=30$（cm^2）。

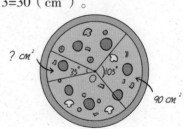

追踪行星轨迹——椭圆形

太阳系里所有的星球都围绕太阳旋转。你可能以为它们的运动轨迹都是圆形，实际上它们都沿着不同的椭圆形轨道运动，太阳就在这些椭圆形轨道的一个焦点上。

说到椭圆，很多人最先想到的是它像一个被拉伸的圆。不妨试试拉一拉扎头发的皮筋，一个圆形的皮筋瞬间就变成椭圆形啦！

切出椭圆形

椭圆形在我们的生活中并不常见，但是和许多图形息息相关。你瞧，椭圆形藏在了圆锥里。我们用一块长方形平面斜着切圆锥，一个椭圆形便产生了。

椭圆形还藏在圆柱里。我们继续用一块长方形平面，同样也是斜着切圆柱，椭圆形毫无悬念地出现了。

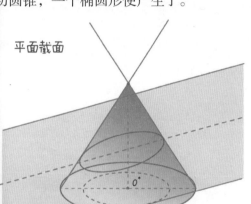

平面截面

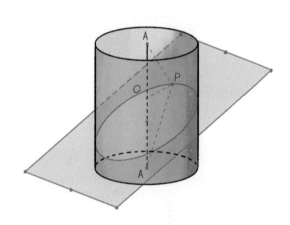

画出椭圆形

下面跟着我一起画一个椭圆形。需要准备两个钉子、一根铅笔、一张白纸和一个线圈，你也可以换用不同长度的线圈，看看会发生什么变化。

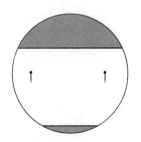

1. 在一块木板上放一张纸，钉上两个钉子，这两个钉子就是椭圆的焦点。

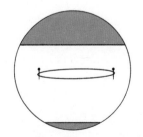

2. 找一个线圈，拉伸后的长度至少要比钉子之间的距离长3厘米，把两个钉子围起来。

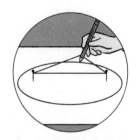

3. 把铅笔放进线圈里，拉住线圈，同时绕着两个焦点画出圆弧。

用数学语言"画"一朵雪花

打开窗户观察一棵大树，大树轮廓的形状和树叶的形状、大树枝和小树枝的形状相似。

再观察一下西蓝花或者窗户上的霜花，你也会发现小部分形状与整体形状相似的现象。

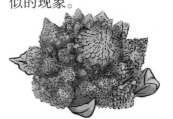

这种具有自相似性特征的结构叫作分形。我们今天就来画科赫曲线、科赫雪花、谢尔宾斯基三角形、谢尔宾斯基地毯等分形图形吧！

我们需要准备笔、尺子、量角器和圆规，先用铅笔描画，再用彩笔或签字笔涂色，可以画出漂亮的分形。

画科赫曲线

1. 用尺子画出18厘米长的线段。长度可以不是18厘米，但一定要是3或9的倍数。

2. 以三等分的中间线段为一边，画边长为6厘米的等边三角形，并把中间那段擦掉。

3. 把这四条线段分别三等分，重复步骤2，画出更⋯的等边三角形。

4. 对每条线段重复进行步骤2的操作。

5. 将这个过程无限重复下去，就可以形成美丽的科赫曲线。

画科赫雪花

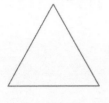   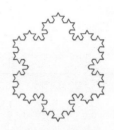

1. 画出边长为 18 厘米的等边三角形，并在三条边上画科赫曲线。

2. 对每条边重复进行科赫曲线的制作。

画谢尔宾斯基三角形

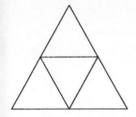 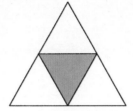 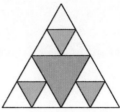 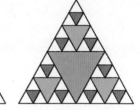

1. 连接等边三角形每条边上的中点。

2. 给中间的等边三角形涂上颜色。

3. 对其余三个等边三角形重复进行前两个步骤。

画谢尔宾斯基地毯

 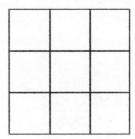

1. 画出边长为 18 厘米的正方形，把每条边三等分。

2. 把大正方形分成 9 个小正方形。

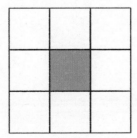 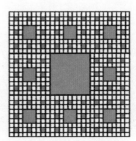

3. 给中间的正方形涂上颜色。

4. 对其余 8 个正方形重复进行步骤 2 和步骤 3。

镜子——轴对称图形

大多数的规则图形都有一个特点叫对称。对称有两类——轴对称和中心对称。如果一个图形从中间对折后两边完全重合，就是轴对称。如果一个图形围绕某点旋转180°后与原来的图形重合，就是中心对称。

我是轴对称图形，中间那条直线就是对称轴。

如果你把这本书逆时针旋转180°，你会发现它属于中心对称图形。换一个方向旋转，得到的结果也一样。

 ## 自然界里寻找对称

大自然中存在很多对称图形。

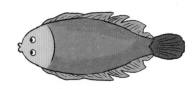

比目鱼出生时是对称的，长大后就不对称了，因为它的两只眼睛会移动到头的同一侧。

蜘蛛网是完美的轴对称图形。

海星拥有5个躯干，是轴对称图形，并且有5条对称轴。

硅藻是海洋里的微小生物，有着各种各样的形状，有些是中心对称，有些是轴对称。

雪花是类似六边形的结晶体，它有六只"长翅膀"，既是中心对称，又是轴对称图形。

数学世界里寻找对称

平面图形和立体图形中也有不少对称的，我们一起去认识一下吧！

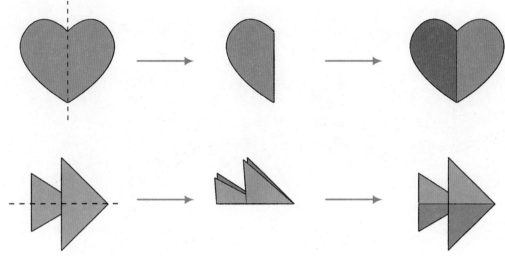

这两个图形沿着一条直线对折后，两边的图形能完全重合，是轴对称图形。中间的折痕把图形分成能重合的两部分。

动手时间

你能根据轴对称原理，画出这些图的另一半吗？先从图形中找到几个重要的点，再根据每个点到对称轴的距离找到这些点的对称点，最后把这些点连起来。快来试试吧！

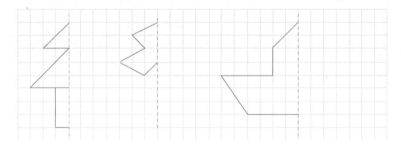

你也可以剪出轴对称图形。准备一张长方形的纸，先对折一次，再用剪刀剪出图案，展开长方形纸，剪出来的图形就是轴对称图形，对称轴就是中间的折痕。

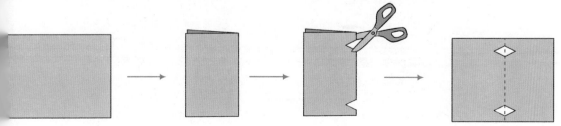

你能一笔画成吗

有人想要去到河对岸，可是面前是一条河，河中有两个岛，一共有 7 座桥。同一座桥不可以走两次，但所有的桥都要经过一次，他们怎么过去呢？

著名的数学家欧拉，用简单的"一笔画"原理，解决了这个难题，得出的结论是"做不到"。所谓图的一笔画，指的就是从图的一点出发，笔不离纸，经过每条边恰好一次，不准重复。

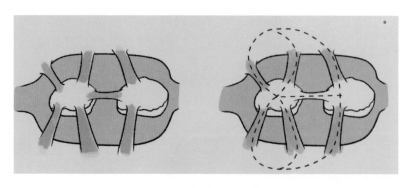

巧妙判断能否一笔画

判断一个图形能否一笔画，首先判断这个图形是否是连通图，然后判断这个图形中奇点（由一点引出的线段为奇数个）和偶点（由一点引出的线段为偶数个）的个数，当奇点等于0或者2时，这个图形就能一笔画完成。

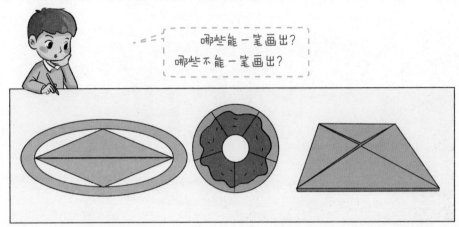

哪些能一笔画出？
哪些不能一笔画出？

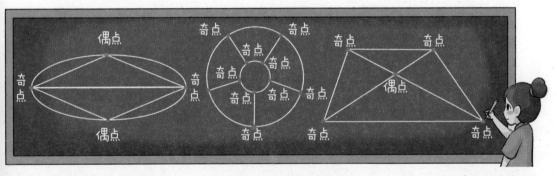

能，因为图中有2个奇点。　　　　不能，因为图中有10个奇点。　　　　不能，因为有4个奇点。

让我们再看看刚才那座桥的问题。

A是与三条线相连的奇点，B是与五条线相连的奇点，C是与三条线相连的奇点，D也是与三条线相连的奇点，奇点共有4个。所以这个图形不能一笔画出。

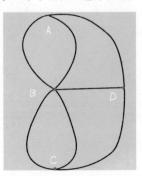

有趣的全等图形

有人正在玩一个闯关游戏，游戏规则是只能踩与第一个柱子一模一样的柱子，第一个柱子底面是等边三角形，之后也得踩大小相同的等边三角形底面。其实这是让我们寻找全等图形。

两个图形叠放在一起完全重合，这两个图形就是全等图形。试着找出下面图形中全等的图形。

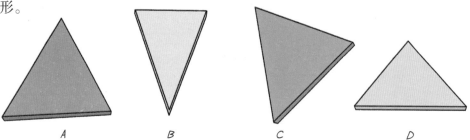

A	B	C	D

通过翻转或旋转，再将图形叠放在一起，找出完全相等的图形。A 和 C 是全等图形，C 和 D 虽然形状相同，但大小不一，不是全等图形。形状相同，大小不一的图形叫作相似图形。

把全等的两个图形叠放在一起，可以看到有重叠的点、边和角。重叠的点叫作对应点，重叠的边叫作对应边，重叠的角叫作对应角。

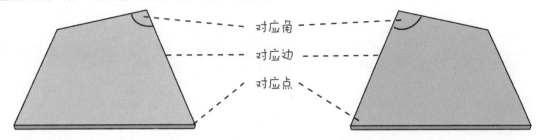

全等的四边形有 4 个对应点，4 条对应边和 4 个对应角。全等的三角形有几个对应点、对应边和对应角呢？答案是各 3 个。全等图形的对应边长度一样，对应角的大小一样。

你能在下列图形中找出全等图形吗？找一找吧！

[答案] A 和 I，J 和 H，C 和 E

小红摆了一个类似加号的图形。把这个图形四等分，竟然得到了两组四个一模一样的全等图形，两组分别是全等五边形和全等六边形。

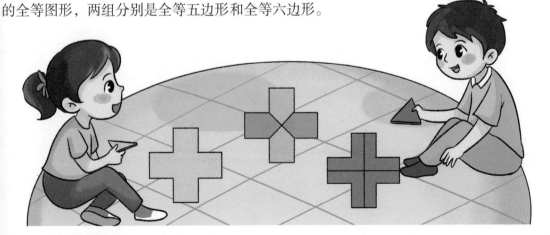

多边形先拆分再算面积

这块布料的面积有多大呢？它其实就是一个不规则图形，可以分解为我们熟悉的三角形和梯形，分别计算三角形和梯形的面积，再把它们相加。

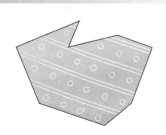

拆分后再数数

我们用厘米（cm）、米（m）、千米（km）等单位表示长度，而面积要用平方厘米（cm^2）、平方米（m^2）、平方千米（km^2）等单位来表示。边长为 1cm 的正方形的面积为 $1cm^2$。图中这个长方形的面积是多少呢？

把长方形的纸等分为边长 1cm 的正方形，能分出 20 个正方形，因此长方形的面积为 $20cm^2$。

多边形面积有公式可寻

根据公式，我们就可以计算刚才那个不规则布料的面积了。

平行四边形的面积
= 长方形的面积 = 长
× 宽 = 底 × 高

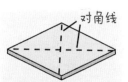

菱形的面积 = 一个
对角线长 × 另一
个对角线长 ÷ 2

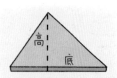

三角形的面积 =
平行四边形的面积 ÷ 2
= 底 × 高 ÷ 2

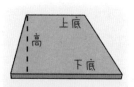

梯形的面积 =（上底 +
下底）× 高 ÷ 2

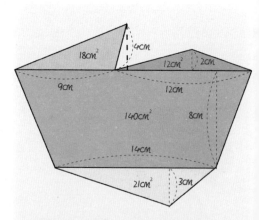

$(9 \times 4 \div 2) + (12 \times 2 \div 2) +$
$[(21 + 14) \times 8 \div 2] + (14 \times 3 \div 2)$
$= 18 + 12 + 140 + 21 = 191（cm^2）$

拼凑法计算图形面积

如果记不住公式也不要怕，因为还可以用拼凑的办法来计算面积。

平行四边形，四边形的一种，可以用剪接的方式来裁剪和拼凑，把平行四边形变成长方形，它的面积是不是和长方形一样，也是长 × 宽。

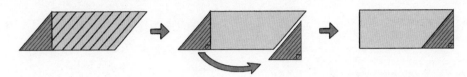

其他四边形可以利用三角形的面积公式来计算。把长方形沿着对角线一分为二，可以很直观地看出，直角三角形的面积是长方形面积的一半。

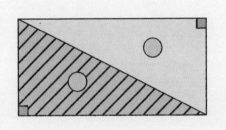

其实，非直角三角形也是一样的道理。它的面积也是长方形面积的一半。

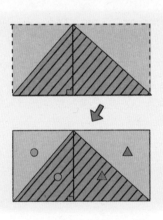

菱形是不是也可以用相同的办法呢？菱形的面积也是长方形面积的一半。

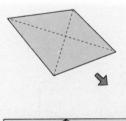

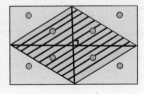

把梯形旋转 180° 贴在原图的斜边上，与原图组合在一起，一个长方形出现了。梯形的面积就是长方形面积的一半。

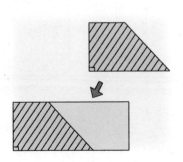

那么，不规则的四边形呢？也可以利用长方形的面积除以 2 的方法。

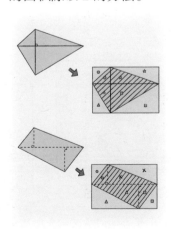

立体王国的成员登场

日常生活中，我们接触到的立体图形有楼房、冰箱、杯子、蛋糕、生日帽、书本、铅笔、圆珠笔等。

人类有超乎想象的动手和创新能力，可以组合出各式各样的立体图形，设计出全新的三维图形。

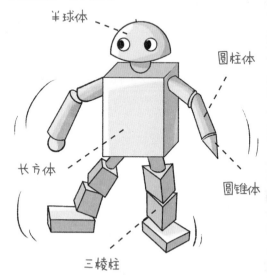

长方体、正方体、圆柱体、圆锥体、球体、棱柱体等，它们具有一定的厚度和体积，故而被称为"立体图形"。

其实，立体图形和平面图形本身也是无法分割的。各式各样的立体图形中就藏着平面图形。

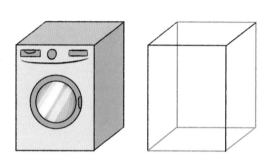

长方体的洗衣机有六个平面。

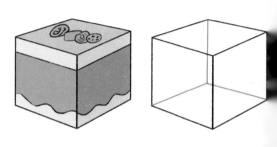

正方体和长方体一样，只是它的六个面是一模一样的。

圆柱体带着 2 个圆，躺着，慢慢地滚动而来。圆柱体身后留下了一个长方形。

圆锥体有一个圆，越靠近顶部越尖，好像穿了一条漂亮的裙子，躺下也能围着这个尖滚动。

 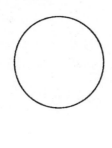

球体的本领最大，到处都是圆圆的，可以随心所欲地滚来滚去。

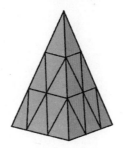 

四棱锥有 4 个三角形的面和 1 个四边形的底。四棱锥侧躺下来后，产生一个三角形印记。

下面是一个有趣的现象：博士带着同学们去户外野营，搭好帐篷以后，站在帐篷前方的小丽，高兴地指着帐篷门框说，它是正方形的。

站在侧面的小白，疑惑不解，心想：明明是长方形的才对吧！原来，位置不同，看到的形状也不同。

可是，与小丽站在同一方向的小红看到的与小丽也不一样，她觉得这个帐篷像一个它螺。这是怎么回事呢？原来她正倒立着看帐篷正前方。

20 骰子游戏，玩转正方体

玩棋盘游戏或卡片游戏时，我们经常用到骰子。但是你知道骰子是什么形状的吗？

只要用6块大小完全一样的正方形纸板就可以围成。

正方形变身正方体

【展开与折叠法】立方体展开就是这样的网格图形，你能在脑中将它还原成正方体吗？

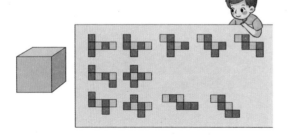

【平移法】一个正方形，沿着与地面平行的方向，水平移动正方形边长的距离，平移的轨迹就形成了一个正方体。

正方形a　正方形b

边长距离　　正方形a　　边长距离

正方形

【折叠法】如何将一张彩纸叠成一个立方体礼物盒？你需要事先准备铅笔和正方形的彩纸。

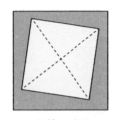

1. 沿着对角线对折正方形彩纸，然后展开，翻过去。

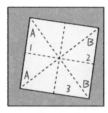

2. 分别沿着两条水平线对折，并标上号码。

3. 继续折叠，使1和2叠在3的上面，字母相对，变成一个三角形。

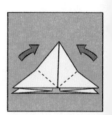

4. 将三角形外两个角向上折叠与顶端重合。

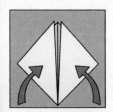

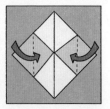

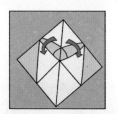

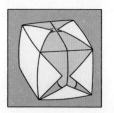

5. 将模型翻转到另一面重复第4步。

6. 将左右两边的角向中间折叠，与中心重合。

7. 将顶端两个角向下折叠，插进中间三角形的口袋里。然后翻转到另一面，重复第6步和第7步。

8. 轻轻地拉开各边，并向底部的洞里吹气，正方体就做好了。

🖊 有点复杂的长方体

长方体的礼物盒也很常见。制作它需要三组长方形纸板，这三组长方形纸板都有联系，因为相邻面的两条棱须完全重合。

如果想叠一个特殊的长方体礼物盒，需要准备四块完全一样的长方形纸板、两块完全一样的小正方形纸板，而且长方形的宽与正方形的边长要相等。

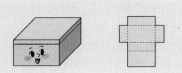

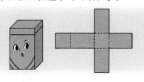

与正方体类似，一个长方形沿着与地面平行的方向，水平移动任意一段距离，平移的轨迹都会形成一个长方体。用正方形移动也可以，只不过移动距离不能和正方形边长相等。

正方形b

正方形a　　任意距离

🖊 骰子点数的秘密

骰子有六个正方形面，分别画有 1 到 6 的点数，这六个点数的排列和位置有什么样的规律呢？

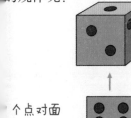

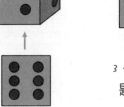

2 个点对面是 5 个点

1 个点对面是 6 个点

3 个点对面是 4 个点

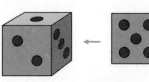

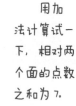

用加法计算试一下，相对两个面的点数之和为 7。

积木分割记

积木，你应该很熟悉。一大块木头，分割后才能变成一块一块的小积木。你知道它的表面积和体积发生了怎样的变化吗?

一大块长方体木头有8个顶点，相交于一个顶点的三条棱的长度分别叫作长、宽、高。虽然我们只能看见长方体的三个面，但它还隐藏着和这三个面一模一样的面。所以长方体的表面积其实就是6个面的总面积。

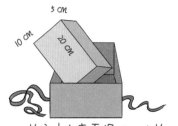

长方体的表面积=2×（长×宽+长×高+宽×高）

这块长方体木头的表面积这样计算:

$5 \times 10 = 50$（cm^2）

$10 \times 20 = 200$（cm^2）

$5 \times 20 = 100$（cm^2）

（$50 + 200 + 100$）$\times 2 = 700$（cm^2）

如果我们拦腰截开长方体，相当于增加了2个横截面，表面积增加了100cm^2。

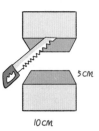

如果再从另一个方向截开，还是增加了2个横截面，也就是增加了200cm^2。

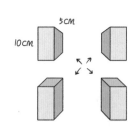

如果截下一个月牙形状的积木呢？同样还是增加了两个面。

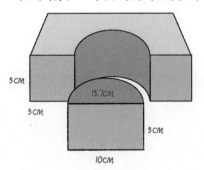

5CM

15.7CM

5CM

5CM

10CM

半圆的弧长 = πd ÷ 2=15.7（cm）。

一个横截面的面积 =5 × 15.7=78.5（cm²），

增加的表面积就是：2 × 78.5=157（cm²）。

注：π 是圆的圆周率，固定值是 3.14。d 是圆的直径。

来吧，让我们撸起袖子再多截几块积木吧！

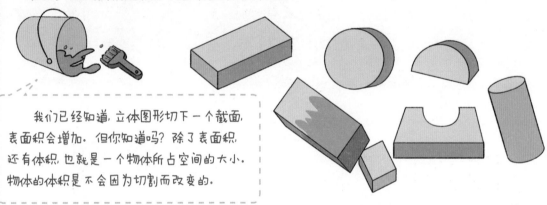

我们已经知道，立体图形切下一个截面，表面积会增加。但你知道吗？除了表面积，还有体积，也就是一个物体所占空间的大小。物体的体积是不会因为切割而改变的。

金鱼游来游去，好看极了。你知道养金鱼的鱼缸有多大吗？长方体的体积是底面积 × 高，这个鱼缸的体积是 1.5 × 0.5 × 0.6=0.45（m³），你算对了吗？

小朋友，你能推算出正方体的表面积和体积公式吗？

[答案] 正方体的表面积 = 边长 × 边长 × 6；正方体的体积 = 边长 × 边长 × 边长

0.6m

0.5m

1.5m

立方体会隐身

地上一堆木箱，如何数清楚它们的数量？工人们有点为难。其实，只要把这些杂乱无章的木箱像摆积木一样整理好，数起来就容易多了。

木箱可以堆放成多种模样，先从 4 个木箱开始吧！

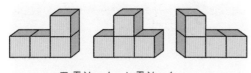

下面放 3 个，上面放 1 个。

下面放 2 个，上面放 2 个。

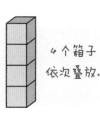

4 个箱子依次叠放。

这次换 5 个木箱，我们一起搭搭看吧！

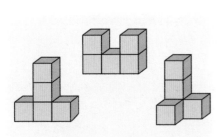

下面 3 个，上面 2 个。

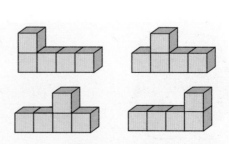

下面 4 个，上面 1 个。

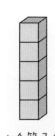

5 个箱子依次叠放。

再加 1 个箱子，换成 6 个箱子，又应该怎么摆放呢？

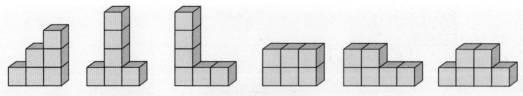

比起 5 个箱子，6 个箱子堆放的方法更多。

搭起的木箱越来越高、越来越多，要想数清楚所用木箱的个数，需要分层计算。

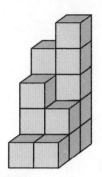

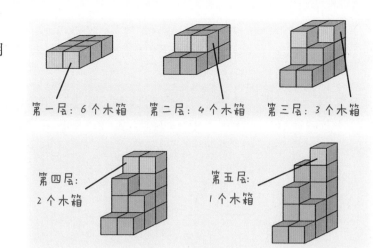

第一层：6个木箱　第二层：4个木箱　第三层：3个木箱

第四层：2个木箱

第五层：1个木箱

一座5层的木箱，一共用了16个箱子，算式是6+4+3+2+1=16（个）。

图中的木箱就是立方体，以单个立方体为基础，你能想象一下下图右边这堆较大的组合立方体包含了多少个单个立方体吗？如果单个立方体代表1立方厘米，那么另外两个组合立方体的体积分别是多少呢？

这个立方体代表1cm³

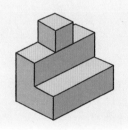

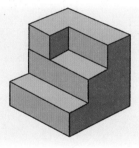

【答案】
10cm³
19cm³

一些不规则的立体结构，通过翻转，两两贴合在一起，便形成了一个完整的立方体。这里有9个碎块，有一块是多余的，你能把这些碎块两两组合在一起并找到那块多余的吗？

【答案】
+D，C+I，E+F，G+H；
B是多余的。

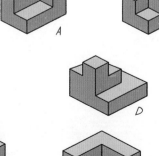

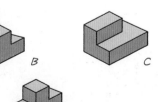

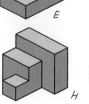

A　B　C

D　E

F　G　H　I

圆柱体和圆锥体的变身

一个圆形，沿着与地面垂直的方向，向上或向下平移一段距离，平移的轨迹就能形成一个立体图形，名为"圆柱体"。

一个长方形，以其中的一条边为中心轴，顺时针或逆时针旋转360°，运动轨迹也能形成一个圆柱体。

手工做一个圆柱体实在太简单啦！只需将一张长方形彩纸弯曲，即可卷成一个没有底面的圆柱体。

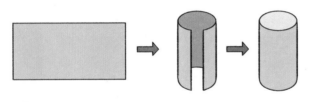

两个大小相等、互相平行的圆形做底面，一个长方形做侧面连接两个底面，便围成了一个立体圆柱。

户外，有一座圆滚滚的小房子。哇！那是一个大大的圆柱体。

这个房子又脏又旧，我们给它重新粉刷一下外墙面吧！

房顶面积就是圆形面积。圆柱的上、下两个面，叫作底面；曲面叫作侧面，两个底面之间的距离叫作高，用字母 h 表示。

侧面积就是长方形，长方形的一条边是底面周长，另一条边是高。所以，侧面积=底面周长×高。

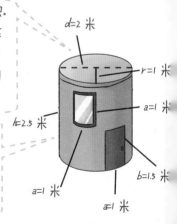

d=2 米
r=1 米
a=1 米
h=2.5 米
b=1.5 米
a=1 米
a=1 米

侧面积 = πdh = 3.14 × 2 × 2.5 = 15.7(m²)（d 是圆的直径）；

圆顶面积 = πr^2 = 3.14 × 1² = 3.14(m²)（r 是圆的半径）；

减掉门和窗户的面积：15.7 + 3.14 – 1 – 1.5 = 16.34(m²)。

一切准备就绪，两人齐心协力，从上往下刷起了油漆。终于大功告成，粉刷后的房子真漂亮，坐等油漆干了。

想象一下，将圆柱体的上底无限缩小，当它变成一个点，整个圆柱就会变成圆锥。

一个直角三角形以一条直角边为旋转轴，其余两边顺时针或逆时针旋转360°，形成了圆锥。

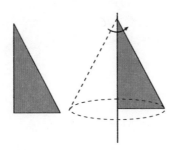

圆锥的底面是个圆，圆的半径是三角形的一条直角边。圆锥的侧面是一个扇形。从圆锥的顶点到底面圆心是圆锥的高。

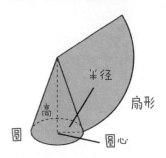

博士在院子里挖了一个圆锥形大坑，直径是 4m，深 1.5m。现在有 2 袋玉米，每袋玉米的体积是 3.14m³。你来帮博士算一算，这个大坑能否装下这些玉米。

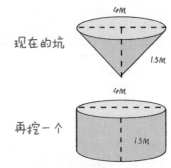

现在的坑

再挖一个

圆柱体的体积 $=3.14 \times 4 \times 1.5 = 18.84$（m³）

圆锥的体积 $= \frac{1}{3} \times 18.84 = 6.28$（m³）

两袋玉米的体积是 6.28m³，这个大坑刚好可以装下。

圆锥的体积是圆柱体积的三分之一。圆柱体的体积 = 底面积 × 高，圆锥的体积 = 底面积 × 高 × $\frac{1}{3}$。

埃及金字塔

埃及金字塔就是一个正四棱锥。它只有一个底面，呈正方形。它的侧面是四个一模一样的等腰三角形，而且共用一个顶点 G。过顶点 G 作底面的垂线，落点正好就是底面的中心。

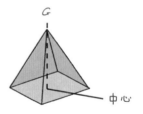

棱锥还有其他类型，它们的名称由底面形状决定。底面是三角形，被称为三棱锥；底面是五边形，被称为五棱锥；底面是六边形，被称为六棱锥……

古代弓箭上的箭头就是三棱锥。

宝塔看着像极了五棱锥。

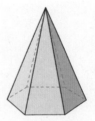

孩子们平常玩的积木里也会有六棱锥的积木。

把三棱锥和四棱锥展开看，你会发现三棱锥有 3 个侧面，四棱锥有 4 个侧面。原来，棱锥侧面的个数正好和底面棱的条数相同。

如果把五棱锥的侧面统统换成四边形，上、下两个面会变成五边形，而且互相平行，它的名字是"五棱柱"。

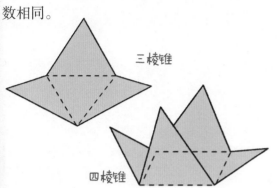

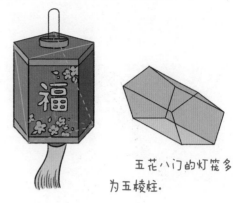

五花八门的灯笼多为五棱柱.

棱柱同样是根据底面形状来命名的。底面是三角形，称为三棱柱。底面是四边形，称为四棱柱……

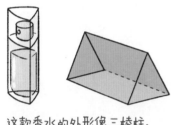

这款香水的外形像三棱柱.

桌子的四条腿明显是四棱柱.

棱柱的侧面面数与底面棱的条数也是相同的。底面为三角形的三棱柱，有 3 个侧面；底面为八边形的八棱柱，有 8 个侧面。

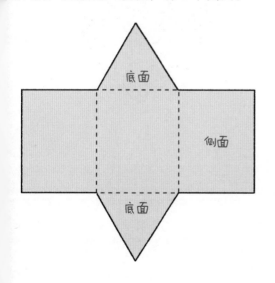

立体图和平面图相互转化

每一个三维立体图形都是由不同的二维平面图形组成的。用平面的方式去看待立体图形是一种有效的思维锻炼方式。瞧！小女孩正在任意折叠、组合这些平面图形。

2000 多年前，古希腊人发现了五种规则多面体，分别是正四面体、正六面体、正八面体、正十二面体、正二十面体，它们被统称为"柏拉图立体"。

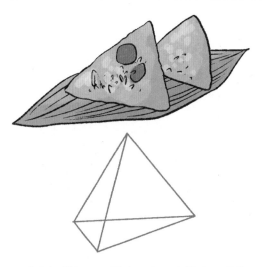

粽子就类似正四面体，由 4 个等边三角形组成，有 6 条棱，4 个顶点。

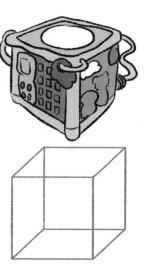

这个玩具就是正六面体，由 6 个正方形组成，有 12 条棱，8 个顶点。

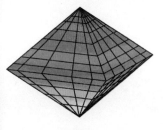

正八面体玩具也不稀奇，由 8 个面组成，每个面都是一个等边三角形。

正十二面体玩具玩过吗？它有 12 个面，每个面都是正五边形。

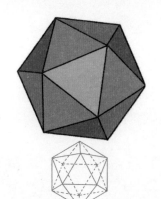

这是一个正二十面体的投影。它有 20 个面，每个面都是等边三角形。

立体图形展开后便是一个个平面图形。调动你的大脑，你能把这些平面图形还原成立体图形吗？

正四面体

正六面体

正八面体

正十二面体

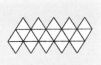

正二十面体

1707 年，瑞士诞生了一位天才数学家——莱昂哈德·欧拉。他发现这些规则图形都遵循一个简单的规则：顶点的数量加上面的数量减去棱的数量都等于 2。

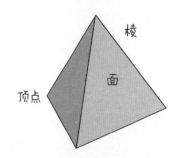

四面体：4 + 4 − 6 = 2
六面体：8 + 6 − 12 = 2
八面体：6 + 8 − 12 = 2
十二面体：20 + 12 − 30 = 2
二十面体：12 + 20 − 30 = 2

【小知识】

欧拉一生中的大部分时间都处在半失明状态，在他再次回到圣彼得堡后没多久就彻底失明了。但这并不影响他的学术研究。他在 60 岁时还发现地球、太阳和月球之间引力的相互影响，在他去世当天还在寻找热气球的上升定律。

26

神奇的迷宫

数学世界里有一个图形，叫作"若当曲线"。是由一个圆经过扭转、弯曲和环绕，但绝不相交得来的，类似迷宫。数学家也非常喜欢"走"迷宫。

走迷宫，由易到难

简单的迷宫通常都是由围墙连起来的，只要把左手或右手放在屏障上，沿着围墙往前走，前进时不要换手就能出去。这并不是最快的方法，但总能出去。

复杂迷宫的中心通常被独立墙围住，不与迷宫里的其他墙相连。你需要不断尝试并记住路线，或者沿途留下记号，标记出自己已经走过的路线。

还有一种迷宫的通道相互交织，类似隧道和桥梁，被称为"编织类迷宫"。想要走出去，就要找到迷宫中的死胡同，并把它们涂上颜色。

这是仿照英国汉普顿庄园迷宫设计的迷宫。

这个迷宫有两个口，寻找一条到中心的路，然后从另一侧出口走出来。

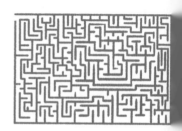

100多年前，在英国数学家劳斯·鲍尔的花园里建成的迷宫。

教你设计一座迷宫

根据世界各地大多数迷宫的特点，我们可以自己设计一个简单的迷宫。

1. 画一个十字形，外加4个点，从十字形的顶部到左上角的点连成一条曲线。

2. 从右上角的点到十字的右端再画一画，连成一条曲线。

3. 第三条曲线从十字左端画到十字形左下角的点，尽量把这条曲线画得宽一些。

4. 一条线从右下的点开始，画到十字的底端，并把所有曲线都围起来。

迷宫好似网络

复杂的迷宫好似千丝万缕的网络，但可以变成简单的路线图。

1. 在每个岔路口和死胡同做上记号，比如，标上不同的字母。将这些点用线连起来，就可以展示出所有可能的路线。

2. 写下这些字母并用线连起来，以最简单的形式做一个迷宫图。

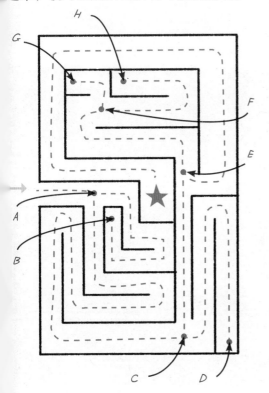

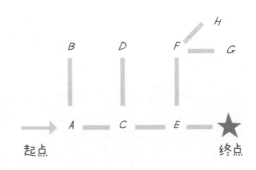

起点　　　　　　终点

3. 拿起你的笔，快来试试吧！

【小知识】

世界上最大的迷宫，于2010年在意大利的丰塔内拉托开业，它的竹篱围墙设计参照了罗马马赛克中的迷宫。

27

地球是个近球体

我们生活的世界是什么形状？2600多年前，古埃及的毕达哥拉斯认为世界是球体，还认为球体是最完美的结构，这就是最早的地圆说。

地球就是一个近球体.

【小知识】　　地球这个词是从明朝开始才出现的。"地球"就是对我们生活的这个辽阔世界的称谓。

不光地球是球形天体，宇宙中的很多天体都是球体。地球在形成的过程中，地心引力在发挥作用，而且这个力的方向都是垂直地面并指向地心。地心引力会把地球表面所有的物体都拉向地心，形成一个近似球体。

抓起一把雪，在手里攥几下就会把雪攥成一个近似球体的形状。攥雪球，就是从各个方向给这团雪施加压力。这种压力基本都指向雪球的球心，于是雪球会越攥越圆。

那点儿差距对于那么大的地球来说根本不值得一提，地球还算是一个非常圆的星球。但是，地球可不是太阳系中最圆的星球。太阳才是太阳系中最圆的星球。

地球其实是一个两极稍扁，赤道略鼓的不规则球体。地球的平均半径约为6371km。

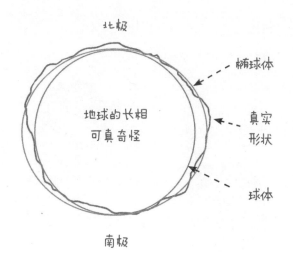

谁才是真正的球体呢？网球！西瓜！球体既没有面，也没有顶点。无论从哪个方向看，都是圆形的。

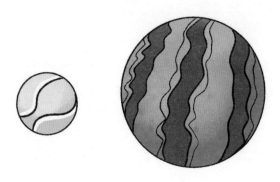

一个半圆纸片围绕自己的直径旋转一周，形成了一个像模像样的球体。更神奇的是，球体表面的任意一点到球体中心的距离都相等。过球体的中心，将球体切开，切面永远都是圆形。

给杯子倒定量的水

博士递给助手图图两个杯子，容量分别是 70mL 和 40mL，却让助手去盛 50mL 的水，怎么办呢?

1. 助手图图深思熟虑，先给 40mL 的杯子装满水，再把杯子中 40mL 的水全部倒入 70mL 的杯子里。

2. 第二次把 40mL 的杯子盛满水，又把水倒入 70mL 的杯子里，直到把 70mL 的杯子填满，这时，40mL 的杯子里还剩 10mL 水。

还剩
10mL 水

3. 把 70mL 杯子里的水全部倒掉。

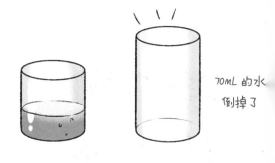

70mL 的水
倒掉了

4. 把 40mL 杯子里的 10mL 水倒入 70mL 的杯子里。

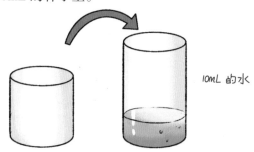

10mL 的水

5. 第三次把 40mL 的杯子盛满水，再把水全部倒入 70mL 的杯子里，这样 70mL 杯子里就有 50mL 的水了。

10 + 40=50（mL）

杯子或瓶子等容器所能容纳的量叫作容积，表示容积的单位有升（L）和毫升（mL）。1L等于边长为 10 厘米（cm）的正方体盒子的体积。边长为 10 厘米（cm）的正方体盒子的体积为 1000 立方厘米（cm³），所以 1L=1000cm³。

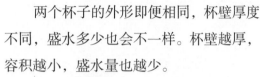

1mL 等于边长为 1cm 的正方体盒子的体积。边长为 1cm 的正方体盒子的体积为 1cm³，因此 1mL=1cm³。

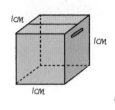

两个杯子的外形即便相同，杯壁厚度不同，盛水多少也会不一样。杯壁越厚，容积越小，盛水量也越少。

比一比下面的杯子和瓶子谁的容积更大？把杯子和瓶子里盛满水，再把水分别倒入大小完全相同的两个容器内，谁水面高说明谁的容积更大。

把水倒进完全相同的容器内.

瓶子比杯子的容积大！

让我们仿照博士助手的盛水办法，利用没有刻度的 50mL 杯子和 30mL 杯子，盛入0mL 水倒入右边的碗里。

1. 在 50mL 的杯子里注满水，再把水倒入0mL 的杯子里并装满。

2. 这时 50mL 的杯子里还剩下 20mL 的水，把剩下的水倒入碗里。

3. 50mL 的杯子盛满水，再将水倒入碗内，此时碗里的水为 70mL。

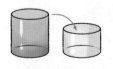

装满就是 30mL

剩下 20mL 水

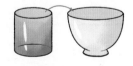

再倒入 50mL 水